Nadir Attar

Fahrsimulatoren - Ein Überblick

GRIN Verlag

Bibliografische Information der Deutschen Nationalbibliothek:

Die Deutsche Bibliothek verzeichnet diese Publikation in der Deutschen National-
bibliografie; detaillierte bibliografische Daten sind im Internet über http://dnb.d-
nb.de/ abrufbar.

Impressum:

Copyright © 2011 GRIN Verlag, Open Publishing GmbH
Druck und Bindung: Books on Demand GmbH, Norderstedt Germany
ISBN: 978-3-656-19173-5

Helmut-Schmidt-Universität / Universität der Bundeswehr Hamburg

Fakultät für Ingenieurwissenschaften / Institut für Fahrzeugtechnik und Antriebssystemtechnik

ISA WT 2011: Dynamik von Kraftfahrzeugen

<u>Fahrsimulatoren</u>

<u>Vorgelegt von:</u>

Nadir Attar

MA-Studiengang Politikwissenschaft (Jg. 2007)

Inhalt der Hausarbeit

1 Einleitung   3

2 Was sind Fahrsimulatoren?   5

3 Arten von Fahrsimulatoren   7
    3.1 Mechanische Fahrsimulatoren   8
    3.2 Computersimuliert-statische Fahrsimulatoren   8
    3.3 Computersimuliert-dynamische Fahrsimulatoren   9
    3.4 Gurtschlitten   10
    3.5 Rettungs- und Überschlagssimulatoren   11

4 Vor- und Nachteile von Fahrsimulatoren   12

5 Abschließende Bewertung   15

6 Literaturverzeichnis   18

7 Erklärung gemäß der Prüfungsordnung   20

8 Anlagen   21
    Anlage 1   21
    Anlage 2   22
    Anlage 3   23
    Anlage 4   24
    Anlage 5   25
    Anlage 6   26
    Anlage 7   27
    Anlage 8   28
    Anlage 9   29

1 Einleitung

Als heranwachsender Jugendlicher, aufgewachsen im Computerzeitalter, ist man schon früh in den Genuss gekommen, sich einmal selbst an das Steuer eines luxuriösen Automobils setzen zu können. Möglich machten dies die virtuellen Welten von Heim PC´s und entsprechender Spielesoftware, durch welche man in der Lage war, schon vor Erreichen der Volljährigkeit und damit dem Erwerb der Fahrerlaubnis mit nahezu halsbrecherischer Geschwindigkeit über virtuelle Pisten und durch animierte Landschaften zu rasen. Beispiele hierfür sind erfolgreiche Computerspielserien wie *Gran Tourismo* oder *Need for Speed*.

Doch auch abseits der Welt der Computerspiele scheint die Industrie auf den Geschmack computergestützter Automobilwelten gekommen zu sein. Inzwischen sind vielerorts Fahrsimulatoren keine Zukunftsutopien mehr, sondern gehören zur Standardausrüstung von Unternehmen mit Automobilbezug sowie Fahrschulen. Viele Fahrschulen können heutzutage gar nicht mehr darauf verzichten, mit entsprechenden Geräten zu werben, um das Interesse potentieller Fahranfänger zu wecken. Entsprechend preist man das eigene technische Equipment als „Hightech" (www1) und lobt die Realitätsnähe der Simulation (vgl. ebd.).

Fahrsimulatoren sind für alle Bereiche, die mit Automobilen in irgendeiner Form zu tun haben, inzwischen unverzichtbarer Alltagsbestandteil geworden. Eine tiefer gehende Beschäftigung mit ihnen, vor allem als eher nicht-technikaffiner Student der Politikwissenschaften, macht daher umso mehr Sinn. Aus diesem Grund wird sich diese während des Wintertrimesters 2011 im Rahmen des ISA-Kurses *Dynamik von Kraftfahrzeugen* angefertigte Hausarbeit mit dem Thema **Fahrsimulatoren** beschäftigen.

Mit den Rennspielsimulationen aus Jugendtagen haben Fahrsimulatoren heutzutage nur noch wenig gemein. Heutzutage handelt es sich bei ihnen um große, mehrere tausend Euro teure Geräte, welche durch die Nutzung realer Automobile, Rundumleinwänden und sogar modernster Hydrauliktechniken ein möglichst realistisches Abbild des tatsächlichen Straßenverkehrs wiederzugeben versuchen. Hauptabnehmer und –nutzer dieser Geräte sind jedoch nicht die deutschen Fahrschulen, sondern insbesondere die Automobilhersteller und –zulieferer. Warum dies so ist, soll im Rahmen dieser Hausarbeit aufgezeigt werden. Ebenfalls wird diese Arbeit in einem kleinen Exkurs aufzeigen, dass sich auch die deutschen Polizeibehörden ab und an einer Fahrzeugsimulation bedienen, um einen pädagogischen Effekt zu erzielen.

Um sich dem Forschungsthema angemessen nähern zu können, wird diese Hausarbeit in mehrere Einzelkapitel untergegliedert sein. Nach der Einleitung, in welcher wir uns gerade befinden, werden im zweiten Kapitel grundlegende Erläuterungen zum Begriff Fahrsimulatoren stattfinden, um in den Themenkomplex einzuführen. Der Begriff soll dabei in aller gebotenen Kürze definiert werden.

Das dritte Kapitel befasst sich im Anschluss mit den verschiedenen technischen Arten von Fahrsimulatoren, wie wir sie heutzutage vorfinden können. Die Bandbreite reicht dabei von einfachsten Gurtschlitten hin zu komplexen Simulationen mit künstlich erzeugter Fahrzeugdynmaik.

Das vierte Kapitel wird versuchen, sich mit den Vor- und Nachteilen von Fahrsimulationen zu befassen. Insbesondere die negativen Aspekte scheinen in der allgemeinen öffentlichen Debatte so manches Mal zu kurz zu kommen, dennoch sind diese vorhanden und müssen bei einer eventuellen Verwendung Berücksichtigung finden.

Im abschließenden fünften Kapitel werden die bisherigen Ergebnisse dieser Hausarbeit noch einmal zusammengefasst sowie ein persönliches Fazit gezogen. Auch werden mögliche Forschungsfragen für eine zukünftige Beschäftigung mit dem Themenkomplex aufgeworfen.

2 Was sind Fahrsimulatoren?

Bevor sich mit den verschiedenen, auf dem Markt verfügbaren Fahrsimulatormodellen beschäftigt werden kann, soll zunächst einmal die zwingende Frage beantwortet werden, was genau eigentlich Fahrsimulatoren sind und was diese bezwecken sollen. Wie sich bei der Recherche für diese Hausarbeit herausgestellt hat, ist eine genauere Definition jedoch schwieriger als zunächst angenommen.

Dies liegt jedoch nicht an einer eventuellen Unbekanntheit des Begriffs oder gar der Technik. Würde man eine entsprechende Umfrage auf der Straße durchführen, so würde sich höchstwahrscheinlich herausstellen, dass so gut wie jeder Mensch eine bestimmte Vorstellung von einem Fahrsimulator hat. Immerhin ist vielen Menschen die Verkehrs- und Fahrzeugsimulation durch Computerspiele am heimischen PC bekannt (vgl. Hamerich 2009: 71). Jedoch würde sich diese Vorstellung aufgrund der unterschiedlichen Bilder in den Köpfen erheblich voneinander unterscheiden. Auch die Frage, wofür ein Fahrsimulator benötigt wird und wofür man ihn nutzt, würde höchstwahrscheinlich, wenn überhaupt, völlig unterschiedlich beantwortet werden. So würden beispielsweise viele es für selbstverständlich halten, dass Fahrsimulatoren genutzt werden, um die Ausbildung von Fahrschülern zu unterstützen. Eine wissenschaftliche Definition dieses Begriffs ist daher dringend geboten.

Fahrsimulatoren sind dabei kein Phänomen des 21. Jahrhunderts, sondern besitzen inzwischen eine lange Forschungstradition und werden zu unterschiedlichen Zwecken eingesetzt (vgl. Knappe 2009: 38). Sie ermöglichen dem Fahrer das relativ einfache Abtauchen in eine virtuelle Umgebung sowie die möglichst realitätsnahe Erfahrung von Autofahrten (vgl. www2), auch unter wirklichkeitsnaher Einbeziehung des alltäglichen Straßenverkehrs (vgl. Madea/Mußhoff/Berghaus 2007: 611). Das vom Bundesministerium für Verkehr, Bau und Standentwicklung geförderte Projekt *Verkehrssicherheitsprogramme in Deutschland* erklärt auf seiner Internetpräsenz kurz und knapp:

> „Mit Simulatoren kann man Erfahrungen vermitteln, die unmittelbar einprägsam sind"
> (www3).

Wie einprägsam und damit realitätsnah die simulierten Erfahrungen schlussendlich sein werden, hängt von dem technischen Modell des Fahrsimulators ab. Dazu mehr in Kapitel 3.

Die Definition von Fahrsimulatoren durch Syed Rafeeq Ahmed wird konkreter. In seinem Werk *Aerodynamik des Automobils* definiert er Fahrsimulatoren folgendermaßen:

> „Der Fahrsimulator ist ein computergestütztes Hilfsmittel zur Untersuchung des Zusammenspiels zwischen Fahrer und Fahrzeug unter nachgebildeten Verkehrsbedingungen. Er ermöglicht eine kontrollierbare, reproduzierbare und kostengünstige Optimierung von Fahrzeugparametern bis hinein in den Grenzbereich aktiver Sicherheit unter gefahrlosen Bedingungen" (Ahmed 2008: 360).

In diesem Zitat wird nicht nur beschrieben, was eine Fahrsimulator ist und was das Ziel einer Fahrsimulation sein soll, es wird zudem ebenfalls deutlich, dass sich die Simulation von

Automobilfahrten inzwischen zu einem unverzichtbaren Mittel der verkehrswissenschaftlichen Forschung entwickelt hat. Die bereits erwähnte weit verbreitete Ansicht, Fahrsimulatoren dienten vorrangig dem Zweck der Fahreraus- und Weiterbildung, stellt sich damit als falsch heraus. Laut Knappe/Keinath/Meinecke steht dabei die Fahrsimulation bei der Systementwicklung genau zwischen den Polen erster einfacher Methoden, beispielsweise in Form von Konzeptzeichnungen, und der tatsächlichen Realfahrt (vgl. Knappe/Keinath/Meinecke 2006: 4). Die Entwicklung des Fahrsimulators schloss damit gewissermaßen eine in der Vergangenheit existente Lücke. Es sollte daher nicht überraschen, dass sich daher inzwischen zahlreiche Automobilhersteller sowie Automobilzulieferer der Hilfe von Fahrsimulatoren bedienen (vgl. www2), um ihre Fahrzeugmodelle oder auch nur neuartige Techniksysteme zu testen und weiter zu optimieren. Nur der Simulator bietet die Möglichkeit jederzeit und gefahrlos extreme äußere Bedingungen zu produzieren, unter denen sich ein Fahrer, ein Fahrzeug oder ein neues System beweisen muss. Beispiele hierfür sind unter anderem Gewitter, Eisglätte oder starker Nebel (vgl. Ahmed 2008: 360).

Abseits der Fahrausbildung und der Automobilforschung findet der Fahrsimulator auch in anderen Wissenschaftsgebieten Anwendung. So nutzt die so genannte Verkehrsmedizin inzwischen intensiv Fahrsimulatoren. Dank ihnen kann unter anderem

> „… der Einfluss von Drogen, Alkohol, Müdigkeit oder Krankheit auf das Fahrerverhalten"
> (Knappe 2009: 38)

gefahrlos und anschaulich untersucht werden. Ebenfalls können diese simulierten Bedingungen mittels des Demonstrationseffekts zur Abschreckung als Verkehrserziehung genutzt werden. Wie im weiteren Verlauf dieser Arbeit gezeigt werden wird, nutzen daher auch die Polizeibehörden zu diesem Zweck einfachste Simulationstechniken.

Es bleibt daher festzuhalten:

1. Fahrsimulatoren erzeugen künstliche Umgebungen
2. Sie sind inzwischen unverzichtbar
3. Sie werden in unterschiedlichen Feldern genutzt, unter anderem in der Fahrausbildung, der wissenschaftlichen Forschung sowie für technische Tests.

In Abgrenzung zur Definition von Ahmed werden in dieser Hausarbeit, der Vollständigkeit halber, auch nicht computergestützte Fahrsimulatoren angesprochen werden. Gerade außerhalb der wissenschaftlichen Forschung sind nach Ansicht des Autors auf Mechanik beruhende Simulatoren immer noch verbreitet und sollten daher der Vollständigkeit halber Erwähnung finden. Daher wird auch die Technik des Gurtschlittens in dieser Arbeit als Fahrsimulator verstanden werden.

3 Arten von Fahrsimulatoren

Nachdem im vorherigen Kapitel die Grundlagen für diese Hausarbeit qua Definition von Fahrsimulatoren gelegt wurden, soll sich nun eingehender mit den verschiedenen technischen Varianten von diesen beschäftigt werden. In fünf Unterabschnitten sollen verschiedene Fahrsimulatortypen vorgestellt werden, die sich in Technik, Aufbau und auch Verwendungszweck teilweise grundlegend unterscheiden.

Die bereits im vorherigen Kapitel angesprochenen Simulationen an heimischen Computern, darunter Rennspiele wie beispielsweise *Need for Speed* oder *Gran Turismo*, werden in der folgenden Fahrsimulatordarstellung keinen Platz finden. Obschon man an Heim-PC´s stellenweise ausgefeilte Spielelenkräder, manuelle Gangschaltungen und Gaspedale vorfinden kann (vgl. Knappe 2009: 38), werden sie in dieser Hausarbeit nicht als relevante Fahrsimulatoren verstanden. Da die simulierte Umgebung bei diesen Computerspielen nur visuell wahrgenommen werden kann, entspricht sie nicht dem Fahrsimulatorverständnis von Kemeny/Panerei, welches hier zu Grunde gelegt wird. Der für diese Hausarbeit maßgebliche Fahrsimulator beginnt dort, wo eine multi-sensorische Umweltwahrnehmung möglich wird, beispielsweise durch die Simulation von Fahrzeugbewegungen, Verkehrsgeräuschen oder Lenkwiderständen (vgl. Kemeny/Panerei 2003: 31ff).

Grundsätzlich werden zwei Typen von Fahrsimulatoren hier unterschieden: statische und dynamische. Während bei statischen Fahrsimulatoren keinerlei künstliche Bewegung der Fahrzeugkabine erzeugt wird, werden bei dynamischen Fahrsimulatoren die Lenkbewegungen und Geländebegebenheiten durch Schwenkbewegungen der Kabine simuliert. Es versteht sich fast von selbst, dass der Realismusgrad von dynamischen Fahrsimulatoren um ein vielfaches höher ist. Im Rahmen dieser Hausarbeit werden sowohl statische als auch dynamische Simulatoren vorgestellt werden.

Zudem ist eine weitere wissenschaftliche Einteilung möglich: geringe, mittlere und hohe Abbildungstreue. In der englischsprachigen Wissenschaft lassen sich auch die Begriffe *Low Fidelity, Medium Fidelity und High Fidelity* finden. Nach diesem Verständnis würden die bereits erwähnten Computerspiele in den Bereich der *Low Fidelity/geringe Abbildungstreue* fallen. Ihnen fehlt eine authentische Nachbildung des Fahrzeuginnenraums sowie eine umfassendere Rundumsicht. Simulatoren der Kategorie *Medium Fidelity/mittlere Abbildungstreue* bringen genau diese Dinge mit, können jedoch aufgrund ihrer Statik nicht alle möglichen Reize realitätsgetreu simulieren. Statische Fahrsimulatoren, sind außerhalb von Fahrschulen inzwischen kaum noch verbreitet und finden in der wissenschaftlichen Forschung so gut wie keine Verwendung mehr. Simulatoren der Kategorie *High Fidelity/Hohe Abbildungstreue* simulieren so gut wie alle relevanten Reize und sind demzufolge dem Bereich der dynamischen Fahrsimulatoren zuzuordnen (vgl. Knappe 2009: 39).

Im folgende werden nun fünf unterschiedliche Fahrsimulatortypen vorgestellt werden: mechanische (statisch und dynamisch), computersimulierte, computersimulierte mtt Dynamik, Gurtschlitten sowie Rettungs-/Überschlagssimulatoren

3.1 Mechanische Fahrsimulatoren

Mechanische Fahrsimulatoren können bereits zu der Gruppe der *Medium Fidelity/mittlere Abbildungstreue* gezählt werden. Sie sind jedoch, vor allem in ihrer statischen Variante, kaum noch vorzufinden. Ihre einfache, analoge Technik entstammt einer Zeit, in der aufwendige Computersimulationen noch in den Kinderschuhen steckten und die digitale Umgebungssimulation nicht möglich war. Stattdessen bediente man sich der Simulationstechnik eines Tastschuhs. Die Ausbildungslandschaft wurde real als Miniatur dargestellt, auf welcher dann, an einer Portalbrücke aufgehängt, ein so genannter Tastschuh in Form des simulierten Fahrzeugs umherfuhr (siehe Anlage 1). Der Fahrschüler steuerte durch seine Aktionen den Tastschuh. Der Tastschuh besaß nicht nur eine Kamera, die dem Fahrschüler ein Bild der Miniaturlandschaft übermittelte, er gab ferner in der beweglichen/dynamischen Variante die Geländebewegungen an das Bewegungssystem der authentisch nachgestellten Fahrerkabine weiter. Der Fahrlehrer überwachte von einem Fahrlehrerplatz aus den Schüler (siehe Anlage 2) und konnte von dort auch unterschiedliche Situationen simulieren (vgl. www4). Mechanische Fahrsimulatoren konnten zwar schon durchaus dynamische Bewegungen simulieren, wiesen jedoch aufgrund ihrer Tastschuhtechnik eine hohe Fehleranfälligkeit und dadurch Wartungsintensität auf. Ferner limitierte die Technik einer real nachgestellten Miniaturlandschaft die möglichen darstellbaren Szenarien. So konnten beispielsweise keine unterschiedlichen Wetterbedingungen dargestellt werden. Für die Automobilforschung war diese Art von Simulation daher nur unzureichend geeignet

Statische Varianten der mechanischen Fahrsimulation sind heutzutage sehr selten geworden. Ihre dynamische Variante wurde in der jüngeren Vergangenheit noch von einigen Kraftfahrausbildungskompanien der Bundeswehr genutzt (z.B. in Munster, Augustdorf), um für das Fahrgestell Leopard 1 auszubilden. Aufgrund der technikbegründeten Einschränkungen dürften mechanische Fahrsimulatoren jedoch inzwischen der Vergangenheit angehören.

3.2 Computersimuliert-statische Fahrsimulatoren

Ebenfalls in den Bereich der *Medium Fidelity/mittlere Abbildungstreue* fallen die computersimulierten Fahrsimulatoren, welche den nächsten Entwicklungsschritt gegenüber der mechanischen Variante darstellen. Bei diesem werden die visuellen Eindrücke dem Fahrer durch ein Computergrafiksystem übermittelt (vgl. www2), welches je nach Modell und

Hersteller unterschiedliche Komplexitätsgrade besitzt und ein deutlich höheres Sichtfeld liefert (vgl. Knappe/Keinath/Meinecke 2006: 4). Die Darstellung erfolgt über mehrere miteinander verbundene Bildschirme (vgl. www5: 3) oder einer gewölbten Projektionsfläche (vgl. Knappe 2009: 39), durch welche eine 180° (vgl. www5: 3ff) (siehe Anlage 3) bzw. 360° Darstellung des Straßenverkehrs (vgl. Knappe 2009: 39) und damit eine nahezu vollständige Abdeckung des Sichtbereichs möglich wird. Damit wird der Realismusgrad für den Probanden deutlich erhöht, insbesondere wenn in den ausgefeilteren Varianten zusätzlich noch Darstellungen in den Rückspiegeln eingebaut werden (vgl. ebd.: 39). Die Sitzkiste unterscheidet sich ebenfalls in den Komplexitätsgraden. Während beispielsweise Fahrschulen (vgl. www1) auf einfachste Sitze mitsamt Bedienelementen zurückgreifen und damit auch leicht verladbar sind, arbeiten komplexere Systeme mit ausgefeilten Fahrzeugnachbildungen oder gar realen Automobilen (vgl. Knappe/Keinath/Meinecke 2006: 4). Wie auch bei der mechanischen Variante werden die Umgebungsgeräusche mittels Lautsprechern vermittelt (vgl. www5: 4).

Während der statische, auf Computerdarstellung basierende Fahrsimulator vor allem dazu geeignet ist, um Probanden erste Eindrücke vom Straßenverkehr zu vermitteln und in seinen weniger komplexen Varianten leicht transportierbar sowie relativ kostengünstig ist, kann der für die realitätsgetreue Forschung wesentliche Nachteil nicht ignoriert worden: die statische Sitzkiste vermittelt dem Fahrer keine Rückmeldungen über die dynamischen Beschleunigungen des Fahrzeugs in der Längs- oder Querachse (vgl. www5: 5).. Dieser der Statik der Fahrzeugkiste geschuldete fehlende Realismus macht den computersimuliert-statischen Fahrsimulator für die Automobilfahrzeugforschung uninteressant und findet daher dort kaum noch Verwendung. Größter Vorteil gegenüber der in Abschnitt 3.1 vorgestellten mechanischen Variante bleibt jedoch, dass durch den Einsatz von Computertechnik ein viel höheres Spektrum an Szenarien simuliert werden kann, inklusive unterschiedlicher Wetter- und Witterungsbedingungen (für ein Bildbeispiel einer computersimulierten Umgebung siehe Anlage 4).

3.3 Computersimuliert-dynamische Fahrsimulatoren

In die höchste Kategorie *High Fidelity/Hohe Abbildungstreue* gehören zweifelsohne die Fahrsimulatoren, die nicht nur Umgebungen und Situationen mittels Computer virtuell simulieren, sondern im Gegensatz zu den in Abschnitt 3.2 vorgestellten statischen Geräten auch die dynamischen Fahrzeugbewegungen nachstellen. Damit gehören sie zu den aufwändigsten Simulatortypen (vgl. Knappe/Keinath/Meinecke 2008: 237). Auf diese Weise wird höchster Realismus erzeugt, der vor allem bei der Erforschung und Erprobung neuer Fahrzeugtechniken im Vordergrund steht. Bei der Ausbildung von Fahrschülern kommt der dynamische Fahrsimulator jedoch aus Kostengründen so gut wie gar nicht zum Einsatz (vgl. www2).

Neben der auch bereits bei vielen computersimuliert-statischen Fahrsimulatoren vorhandenen virtuellen 360° Rundumsicht wird bei der dynamischen Variante durch eine nahezu naturgetreue Nachbildung von Fahrzeuglenkung und –beschleunigung ein Maximum an Realismus angestrebt (vgl. Knappe/Keinath/Meinecke 2006: 4). Größtenteils wird diese Bewegung durch die Technik eines so genannten Hexapods simuliert, welcher ein Bewegungssystem in sechs Freiheitsgraden bietet, um so die Flieh- und Beschleunigungskräften von Fahrmanövern nachzustellen (vgl. Ahmed 2008: 360). Alternativ wird der Hexapod auch des Öfteren nach seinen Erfindern als Stewart-Gough-Plattform bezeichnet (vgl. Wenz 2008: 10). Der Hexapod ist auf hydraulischen (vgl. Knappe 2009: 39) oder auch elektromagnetischen (vgl. www2) Stelzen aufgebaut, die in unterschiedliche Raumrichtungen bewegt werden können (vgl. Knappe 2009: 39). Diese sind wiederum an einer beweglichen Plattform befestigt, auf dem die Fahrzeugkiste bzw. das Mockup oder das gesamte zu untersuchende Fahrzeug angebracht ist (siehe Anlagen 5 & 6). Ein ähnlich gelagertes System wird auch bei Flugsimulatoren genutzt (vgl. www2).

Dynamische Fahrsimulatoren sind beileibe kein Phänomen der jüngsten Vergangenheit. So hat beispielsweise die Firma Daimler-Benz bereits 1985 mit einem solchen Simulator an der Fortentwicklung seiner Produkte gearbeitet und bot damit das modernste System seiner Zeit (vgl. Breuer 2009: 57). Im Laufe der Zeit hat es zahlreiche Verbesserungen gegeben. So wurden beispielsweise Hexapods mit einem Schlittersystem kombiniert (vgl. Seiffert 2008: 23), welches das Abdriften von Fahrzeugen simulieren und damit die Testbandbreite erhöhen kann. Es ist dieser Realitätsgrad, der die dynamischen Hexapods gegenwärtig zum präferierten Forschungsinstrument macht.

3.4 Gurtschlitten

Ein gänzlich anderes Aufgabenfeld decken so genannte Gurtschlitten ab. Sie dienen dazu, Unfälle zu simulieren. Obwohl sie damit durchaus auch in der wissenschaftlichen Forschung eingesetzt werden, unter anderem in der Verkehrsmedizin, nutzen beispielsweise der ADAC oder auch Polizeidienststellen sie auch als praktischen Anschauungsunterricht bei Veranstaltungen mit dem Thema Verkehrssicherheit (vgl. Müller 2009: 76). Während die zur Forschung genutzten Gurtschlitten stationärer Natur sind, nutzt man folgerichtig für die Vorführungen die mobile Varianten. Dabei ist die Technik des Gurtschlittens im Vergleich zu den vorherigen Fahrsimulatortypen geradezu unterkomplex (vgl. www3). Er verzichtet größtenteils auf simulierten Umgebungsdarstellungen auf Bildschirmen oder einer Geräuschkulisse. Stattdessen basiert der Gurtschlitten auf mechanischen Technikelementen. Ein beweglicher Schlitten ist auf einer abgeschrägten Rampe bzw.

Ebene angebracht, auf welcher er auf eine Geschwindigkeit von bis zu ca. 14 km/h beschleunigt und abrupt wieder gestoppt werden kann (siehe Anlage 7). Durch diesen Stopp kann z.B. der Aufprall auf ein feststehendes Hindernis simuliert werden (vgl. Müller 2009: 77). Die in dem Gurtschlitten angeschnallten Probanden können so selbst die Erfahrungen eines Auffahrunfalls machen (vgl. ww3).

Im Gegensatz zu den vorherigen Fahrsimulatoren wird bei Gurtschlitten keine Fahrzeugfahrt simuliert, die der Proband durch sein Zutun steuern kann. Stattdessen kann der Proband hier nur passiv den simulierten Aufprall miterleben und wird damit in der wissenschaftlichen Verwendung selbst zum Forschungsobjekt. Dennoch war es nach Ansicht des Autors geboten, den Gurtschlitten in diese ganzheitliche Darstellung aufzunehmen, da er eine hohe Verbreitung aufweist und durchaus seine, wenn auch kleine, Berechtigung in der Forschungslandschaft besitzt.

3.5 Rettungs- und Überschlagssimulatoren

Darüber, ob die Rettungs- und Überschlagssimulatoren in den Themenkomplex der Fahrsimulatoren aufgenommen werden können, kann durchaus gestritten werden. Der Vollständigkeit halber seien diese jedoch hier in aller Kürze erwähnt. Auch bei diesen wird keine Fahrt mit dem Kraftfahrzeug simuliert, sondern vielmehr ein Verkehrsunfall. Rettungs- und Überschlagssimulatoren besitzen Fahrerkabinen oder nutzen gar komplette Fahrzeuge, die mit technischen Mitteln um ihre Längsachse gedreht werden und damit einen Überschlag simulieren können. Sowohl PKW- (siehe Anlage 8) als auch LKW-Überschläge (siehe Anlage 9) können so simuliert werden. Zwar werden diese Simulatoren auch zur Veranschaulichung genutzt, sie finden ihren Einsatz jedoch auch bei der Aus- und Weiterbildung von Rettungskräften, wie beispielsweise der Feuerwehr (vgl. www3).

4 Vor- und Nachteile von Fahrsimulatoren

Nachdem in den vorangegangenen Kapiteln dargestellt worden ist, was genau Fahrsimulatoren sind, welche verschiedenen Arten davon existieren und in welchen Bereichen diese eingesetzt werden, soll sich nun kritisch mit diesen auseinandergesetzt werden. Denn jedwede Art von Fahrsimulator bringt spezifische Vor- und Nachteile mit sich, welche in diesem Kapitel zusammengefasst und dargestellt werden sollen. Insbesondere der Aspekt der Nachteile wird dabei interessant sein, da man des Öfteren dazu neigt, diese aufgrund der faszinierenden Technik auszublenden.

Die Vorteile von Fahrsimulatoren liegen auf der Hand, sie sind zumeist klar ersichtlich und lassen sich daher auch von einem breiteren Publikum erschließen. Einige von ihnen wurden bereits in vorherigen Kapiteln erwähnt, werden jedoch zwecks Vollständigkeit an dieser Stelle noch einmal erwähnt. Wahrscheinlich der augenscheinlichste Vorteil von Fahrsimulatoren ist ihre Kostengünstigkeit (vgl. Knappe 2009: 38). Eine Realfahrt, noch dazu bei Prototypen, ist deutlich teurer und auch aufwendiger als wenn man entsprechende Erstversuche und –tests im Computersimulator vornimmt. Auch die anderen Nutzer von Simulatoren, wie Fahrschulen oder Polizeidienststellen, sparen ein erhebliches Potential dadurch ein, wenn Fahrschüler bzw. Probanden ihre ersten Erfahrungen im Straßenverkehr zuerst im Fahrsimulator machen und nicht sofort auf der Straße, wo gerade unbedarften Fahranfängern Fehler passieren können, die schnell zu kostenträchtigen Unfällen führen könnten. Eine Testfahrt im Simulator ist einfach ungefährlicher als eine Realfahrt (vgl. Madea/Mußhof/Berghaus 2007: 611). Der Fahrsimulator kann zudem jederzeit, egal bei welchem Wetter, zu welcher Uhrzeit und zu welcher Jahreszeit genutzt werden. Während Fahrschulen durch Simulatoren den Vorteil besitzen, ihre Schüler bei Bedarf immer und immer wieder, manchmal auch spontan, wieder in das Simulatortraining schicken zu können, schätzen die Automobilforscher die relativ einfache sowie schnelle Reproduzierbarkeit von Szenarien und Bedingungen (vgl. Breuer 2009: 57). So kann beispielsweise auch im Winter beispielsweise eine Sommerfahrt mit entsprechender Bereifung oder umgekehrt im Hochsommer ein gefährlicher Hagelschauer inklusive Eisglätte simuliert werden. Im Gegensatz zu Realfahrten sind die entsprechenden Szenarien reproduzierbar sowie veränderbar und können jedes Mal erneut aufgerufen werden (vgl. Knappe 2009: 38). Diese ständige Wiederholbarkeit von schwierigen Szenarien kann sich auch positive auf die Fahrleistungen von Fahrschülern auswirken, die hier kritische Situationen lange vor der ersten Realfahrt in einem tatsächlichen Automobil meistern müssen. Sogar für die Realfahrt als zu gefährlich zu bezeichnende Situationen können im Simulator nachgestellt werden (vgl. Ahmed 2008: 360). Die Messdichte in einem Simulator ist dabei deutlich höher als bei einer Realfahrt, wo allein schon aus Platzgründen auf manches Messinstrument werden müsste (vgl. Kaußer 2003: 8). Auch die Simulation von Unfällen ist ein nicht zu unterschätzender

Vorteil von Fahrsimulatoren. Während bei den so genannten *Crashtests* ganze Autos innerhalb eines Versuchs stark beschädigt oder gar zerstört werden, kann durch eine wiederholte Unfallsimulation eine stetige Fahrzeugoptimierung erfolgen, die dann wiederum den Zwang nach realen *Crashtests* um ein Vielfaches minimiert. Simulierte Unfälle können dabei durchaus auch, wie das Beispiel des Gurtschlittens gezeigt hat, als Abschreckung dienen und leisten damit einen Beitrag zur Verkehrssicherheit. Durch entsprechende Softwareeinstellungen können auch Fahrten unter Einfluss von Trunkenheit oder Drogen dargestellt werden (vgl. ebd.: 8), um eine abschreckende Wirkung zu erzielen. Einfachere, statische Fahrsimulatoren können zudem durchaus platzsparend sein (vgl. Knappe/Keinath/Meinecke 2006: 4) und ermöglichen es vor allem kleineren Benutzern, die sich keine größere Fahrzeugflotte leisten können, eine größere Anzahl von Simulatoren zu nutzen. Dadurch werden im Gegenzug auch die vorhandenen PKW´s geschont.

Die vorhandenen Vorteile müssen jedoch in Relation gesetzt werden zu den durchaus existenten Nachteilen. So muss das Vorteilsargument der Kosten- und Platzersparnis eingeschränkt werden. Die von der Industrie und Forschung genutzten Fahrsimulatoren sind keinesfalls platzsparend, sondern benötigen immensen Raum, um größtmöglichen Realismus zu gewährleisten (siehe Anlage 6). Auch sind die durch diese dynamischen Fahrsimulatoren durchgeführten Simulationen sicherlich kostengünstiger als aufwendige Realfahrten, preiswert sind diese jedoch noch lange nicht (vgl. Hamerich 2009: 71). Generell gilt: je aufwendiger die Simulation, desto teurer wird sie in Anschaffung und Betrieb. Kleinunternehmer besitzen nicht die finanziellen Kapazitäten, um sich die ausgereiftesten Fahrsimulatoren leisten zu können. Auch die kontinuierliche Wartung, Pflege und Modernisierung von Fahrsimulatoren darf nicht außer acht gelassen werden, die Folgekosten verursacht und Zeit beansprucht (vgl. Breuer 2009: 57). Interessanterweise treten zwei simulatorspezifische Nachteile in Erscheinung. Zum einen muss in der verkehrswissenschaftlichen Forschung der Umstand bedacht werden, dass das Verhalten von Probanden bzw. Testern im Simulator abweichend zu der in der Realität sein kann. Ursächlich hierfür ist das nur eingeschränkte Gefährdungsbewusstsein in einem Simulator. Man kann dort durchaus risikofreudiger agieren, da man, im Gegensatz zu einer Testfahrt in einem realen Automobil, selbst bei schwersten simulierten Verkehrsunfällen nicht verletzt werden kann. Dies könnte zu einer Verfälschung der Messwerte führen, die bei jeder Analyse berücksichtigt werden muss (vgl. Knappe 2009: 40). Ein zweites Phänomen, welches bei der Benutzung von Fahrsimulatoren auftreten kann, ist die Kinetose, die so genannte Simulatorkrankheit, auch bekannt als *motion-sickness* (vgl. Breuer 2009: 57). Diese tritt verstärkt bei statischen Fahrsimulatoren auf, bei der der stillsitzende Proband ein sich bewegliches Bild betrachtet und daher das verfälschte Gefühl vermittelt wird, er befände sich mit seiner Sitzkiste ebenfalls in Bewegung. Auch bei dynamischen Fahrsimulatoren kommt diese vor, wenn auch nicht so häufig. Hier kann die Ursache darin liegen, dass die nachgestellten Bewegungen nicht mit denen auf den Monitoren angezeigten übereinstimmen. Diese kann den Probanden nachteilig beeinflussen und beispielsweise zu extremer Übelkeit führen. Im schlimmsten Fall ist die Testperson dann nicht mehr in der Lage, die Simulation weiter nutzen zu können. Die Ausfallrate liegt bei ca. 5-10% (vgl. Knappe/Keinath/Meinecke 2006: 4).

Es sind vor allem die beiden letztgenannten Nachteile, die deutlich machen, dass man auf die so genannte Realfahrt nicht verzichten kann. Dank ausgeklügelter Simulationstechnik kann man die reale Testfahrt zwar weitestgehend hinauszögern, ganz auf sie verzichten kann man jedoch auf sie nicht. Dazu sind die durch sie erlangten Kenntnisse einfach zu wertvoll und liefern das nachdrücklichste, unverfälschteste Messergebnis (vgl. Knappe 2009: 40).

5 Abschließende Bewertung

Diese während des Master-Studiengangs im Wintertrimester 2011 an der Helmut-Schmidt-Universität/Universität der Bundeswehr Hamburg verfasste Hausarbeit entstand im Kurs *Dynamik von Kraftfahrzeugen*, welche im Rahmen der vorgeschriebenen *Interdisziplinären Studienanteile* belegt wurde. Die Hausarbeit befasste sich mit dem Thema **Fahrsimulatoren** und basierte locker auf einem zuvor durch den Autor im Kurs gehaltenen Vortrag.

Für den Autor der Hausarbeit stellte sich die Beschäftigung mit diesem Thema als ungewöhnlich schwierig dar. Dies mag vor allem dem Umstand geschuldet sein, dass es schwierig gewesen ist, eine ausgewogene Balance zwischen allgemeinverständlichen Erläuterungen und technischen Details zu erreichen. Insbesondere angesichts der Tatsache, dass der Autor einem nicht-technischen Studiengang entstammt, mussten bei der automobiltechnischen Tiefe Abstriche gemacht werden. Ziel ist es daher in erster Linie nicht gewesen, den technischen Aufbau der einzelnen Fahrsimulatortypen zu erläutern und die Funktionsweisen dezidiert zu erklären. Stattdessen sollte grundlegend in den Themenkomplex der Fahrsimulatoren eingeführt werden, um so auch den Studenten der nichttechnischen Studiengänge ein einführendes Werk zur Hand geben zu können.

Um sich diesem Themenkomplex angemessen annähern zu können, wurde sich zunächst dem Begriff selbst zugewandt. So gut es möglich gewesen ist, wurde der Begriff des Fahrsimulators erläutert. Dabei wurde deutlich, dass der scheinbar so gängige und selbsterklärende Begriff wissenschaftlich schwieriger zu erfassen war, als ursprünglich angenommen. Selbst in der technischen Wissenschaft ist man sich hinsichtlich mancher Klassifizierungen nicht einig. In manchen Fällen scheinen die Übergänge gar fließend zu sein und laden damit zu einer kritischen Diskussion ein. Dies zeigt sich vor allem bei den Simulatoren der geringen und mittleren Abbildungstreue (vgl. Knappe 2009: 39).

Im darauf folgenden dritten Kapitel wurden dann in fünf Unterabschnitten unterschiedliche Arten und Methoden der Fahrsimulation vorgestellt. Dabei wurde deutlich, dass je nach Bedarfsträger, mechanische, computersimulierte, statische oder dynamische Simulationen genutzt werden. Stattdessen besitzen so gut wie alle Fahrsimulatortypen aufgrund ihrer unterschiedlichen Konstitution ihre Daseinsberechtigung. Die erwähnte Schwammigkeit bei der Definition von Fahrsimulatoren zeigte sich in diesem Kapitel an der Aufnahme von Gurtschlitten sowie Rettungs- und Überschlagssimulatoren durch den Autor. Diese Klassifizierung als Fahrsimulator erzeugt durchaus Widerspruch. Unter dem Gesichtspunkt, eine Einführung in den Themenkomplex der Fahrsimulatoren zu generieren, wurde sich jedoch für eine Aufnahme dieser Simulatoren in das dritte Kapitel entschieden, um einen möglichst breiten Überblick bieten zu können.

Im vierten Abschnitt wurden eventuelle Vor- und Nachteile von Fahrsimulatoren benannt. Insbesondere die Beschäftigung mit eventuell auftretenden Nachteilen bei der Simulation von Automobilen stellte sich dabei als äußerst interessant heraus.

Am Ende der wissenschaftlichen Beschäftigung mit diesem Thema lassen sich folgende Ergebnisse zusammenfassen:

1. Fahrsimulatoren sind inzwischen ein unverzichtbarer Bestandteil der technischen Lebenswelt geworden. So gut wie keine Sparte, die in irgendeiner Form mit Automobilen/Kraftfahrzeugen zu tun hat, kann auf ihre Nutzung verzichten.

2. Hauptabnehmer und Nutzer von Fahrsimulatoren sind jedoch nicht, wie ursprünglich durch den Autor angenommen, mit der Fahrausbildung betraute Unternehmen und Institutionen. Vielmehr sind es die produzierende Automobilindustrien sowie forschende Technikinstitutionen, die vor allem auf dynamische Fahrsimulatoren setzen, um ein möglichst realistisches, dabei kostengünstiges und reproduzierbares Abbild der Wirklichkeit zu generieren. Die Generierung bestimmter Szenarien zu jeder Tages- und Jahreszeit gehört zu dem Argument für den Einsatz von Fahrsimulatoren.

3. Aufgrund der Existenz unterschiedlicher Bedarfsträger existieren auch unterschiedliche Fahrsimulatortechniken. Hierbei verdrängt jedoch nicht das Neue zwangsläufig das Alte, auch wenn man durchaus unterstellen darf, dass die Zeiten der in Abschnitt 3.1 dargestellten mechanischen Fahrsimulatoren vorbei sind. Vielmehr setzen die verschiedenen Bedarfsträger, schon allein aus Kostengründen, auf unterschiedliche Systeme. Für die aufgezeigten Absichten der Landespolizeibehörden reicht beispielsweise ein technisch einfaches Gurtschlittensystem, während die Forschungsabteilungen der großen deutschen Automobilkonzerne, beispielsweise BMW, Audi und Mercedes, sowie die Universitäten weitestgehend auf dynamische Fahrsimulatoren mit Hexapodtechnik setzen. Fahrschulen oder Automobilclubs geben sich dafür mit statischen, teilweise mobilen Simulatoren zufrieden. Die einzelnen Intensitäten in der Abbildungstreue besitzen also durchaus noch ihre Existenzberechtigungen. Die Dominanz einer einzelnen Fahrsimulatortechnik wird es auf absehbare Zeit nicht geben.

4. Wir neigen in unserer heutigen Zeit allzu leicht dazu, jedwede technische Neuerung als positiven Fortschritt anzusehen. Doch jedwede technische Evolution generiert neue Besonderheiten, die es vor allem im Rahmen wissenschaftlicher Forschung zu beachten gibt. Dies zeigte sich bei der Beschäftigung mit den durchaus vorhandenen Nachteilen von Fahrsimulatoren, insbesondere der Veränderung in der Gefahrenwahrnehmung. Bei

wissenschaftlichen Untersuchungen müssen diese berücksichtigt und einkalkuliert werden.

Schlussendlich kann, egal wie realitätsnah eine Simulation auch sein mag, nicht auf eine abschließende Realfahrt verzichtet werden. Das haben die geschilderten Nachteile gezeigt. Eine vollständige technische Prüfung oder der Erwerb einer Fahrerlaubnis nur im Simulator wäre unzweckmäßig, möglicherweise sogar gefährlich. Erst ein abschließender Test unter realen Bedingungen, mit all den Unwägbarkeiten, die eine Autofahrt mit sich bringen kann, wird Klarheit über den Stand eines Kraftfahrzeugs, einer Technik oder eines Fahrschülers bringen.

In diesem Rahmen wäre es sicherlich durchaus interessant zu untersuchen, inwiefern sich die Fahrleistungen von Autofahrern durch regelmäßige Benutzung eines Fahrsimulators im Vorfeld verbessern lassen. Tragen diese tatsächlich zur Verringerung von Verkehrsunfällen und damit zu mehr Sicherheit auf den Straßen bei? Eine eingehendere Beschäftigung mit dieser Frage wäre sicherlich für die Zukunft wünschenswert.

6 Literaturverzeichnis

Buchquellen
Ahmed, Syed Rafeeq: Aerodynamik des Automobils: Strömungsmechanik,
Wärmetechnik, Fahrdynamik, Komfort, Wiesbaden, 2008

Bressendorf, Gerhard von: Eignung von PKW-Fahrsimulatoren für
Fahrausbildung und Fahrerlaubnisprüfung, Bremerhaven, 1995

Breuer, Jörg: Bewertungsverfahren von Fahrerassistenzsystemen
In:
Winner, Hermann/Hakuli, Stephan/Wolf, Gabriele (Hrsg.): Handbuch
Fahrerassistenzsysteme. Grundlagen, Komponenten und Systeme für aktive
Sicherheit und Komfort, Wiesbaden, 2009, S. 55-83

Hamerich, Stefan W.: Sprachbedienung im Automobil. Teilautomatisierte Entwicklung
benutzerfreundlicher Dialogsysteme, Berlin, 2009

Kaußer, Armin: Dynamische Szenarien in der Fahrsimulation, Würzburg, 2003

Kemeny, A./Panerai, F: Evaluation perception in driving simulation
Experiments
In:
Trends in Cognitive Sciences, Nr. 7, 2003, S. 31-37

Knappe, Gwendolin: Empirische Untersuchungen zur Querreglung in Fahrsimulatoren.
Vergleichbarkeit von Untersuchungsergebnissen und Sensitivität von Messgrößen, Nürnberg, 2009

Knappe, Gwendolin/Keinath, Andreas/Meinecke, Christina: Empfehlungen für die Bestimmungen
der Spurhaltegüte im Kontext der Fahrsimulation
In:
MMI-Interaktiv. Online-Zeitschrift zu Fragen der Mensch-Maschine-Interaktion, Nr. 11, 2006
(auch online abrufbar unter http://www.mmi-interaktiv.de/uploads/media/02-Knappe_et_al_01.pdf)

Madea, Burkhard/Mußhoff, Frank/Berghaus, Günter (Hrsg.): Verkehrsmedizin. Fahreignung,
Fahrsicherheit, Unfallrekonstruktion, Köln, 2007

Müller, Rainer: Klassische Mechanik. Vom Weitsprung zum Marsflug, Berlin, 2009

Negele, Hans-Jürgen: Anwendungsgerechte Konzipierung von
Fahrsimulatoren für die Fahrzeugentwicklung, München 2007

Schade, Jens/Engeln, Arnd (Hrsg.): Fortschritte der Verkehrspsychologie. Beiträge vom 45.
Kongress der Deutschen Gesellschaft für Psychologie, Wiesbaden, 2008

Knappe, Gwendolin/Keinath, Andreas/Meinecke, Christina: Die Sensitivität verschiedener Maße zur
Fahrzeugquerregelung im Vergleich
In:
Seiffert, Ulrich: Virtuelle Produktentstehung für Fahrzeug und Antrieb im Kfz,
Wiesbaden 2008, S. 237-256

Wenz, Michael: Automatische Konfiguration der Bewegungssteuerung von Industrierobotern, Berlin,
2008

Onlinequellen

www1: Fahrschule-Berges.de: Hightech in unserer Fahrschule. Leichter Lernen am Fahrsimulator, http://www.fahrschule-berges.de/html/fahrsimulator.html, Zugriff am 15.12.2010

www2: Lehrstuhl für angewandte Mechanik: Motion Cueing Algorithmen für die Fahrsimulation, http://www.amm.mw.tu-muenchen.de/index.php?id=186, Zugriff am 16.12.2010

www3: Verkehrssicherheitsprogramme in Deutschland: Betreiber von Simulatoren und Gurtschlitten, http://www.verkehrssicherheitsprogramme.de/site/detail.aspx?id=102, Zugriff am 16.12.2010

www4: Fahrsimkette.de: Simulatortechnik 1978, http://www.fahrsimkette.de/index.php?option=com_content&view=section&id=4&Itemid=19, Zugriff am 10.01.2011

www5: FTronik.de: Anforderungen an die Forschungsumgebung. Fahrsimulator-Forschungsumgebung am Lehrstuhl für Ergonomie, http://www.ftronik.de/files/lfe-fahrsimulator.pdf, Zugriff am 11.01.2011

7 Erklärung gemäß der Prüfungsordnung

Hiermit erkläre ich, dass ich diese Hausarbeit selbstständig verfasst und keine anderen als die angegebenen Quellen und Hilfsmittel benutzt habe. Alle Stellen der Arbeit, die wörtlich oder sinngemäß aus Veröffentlichungen oder aus anderweitigen fremden Äußerungen entnommen wurden, sind als solche einzeln kenntlich gemacht.

Diese Hausarbeit habe ich noch nicht in einem anderen Studiengang als Prüfungsleistung verwendet.

Hamburg, den 25.03.2011

Nadir Attar

8 Anlagen

Anlage 1

Bild eines Tastschuhs, angebracht an eine Portalbrücke, der die als Miniatur nachgestellte Landschaft abfährt

<u>Quelle:</u>

http://www.fahrsimkette.de/index.php?option=com_content&view=section&id=4&Itemid=19

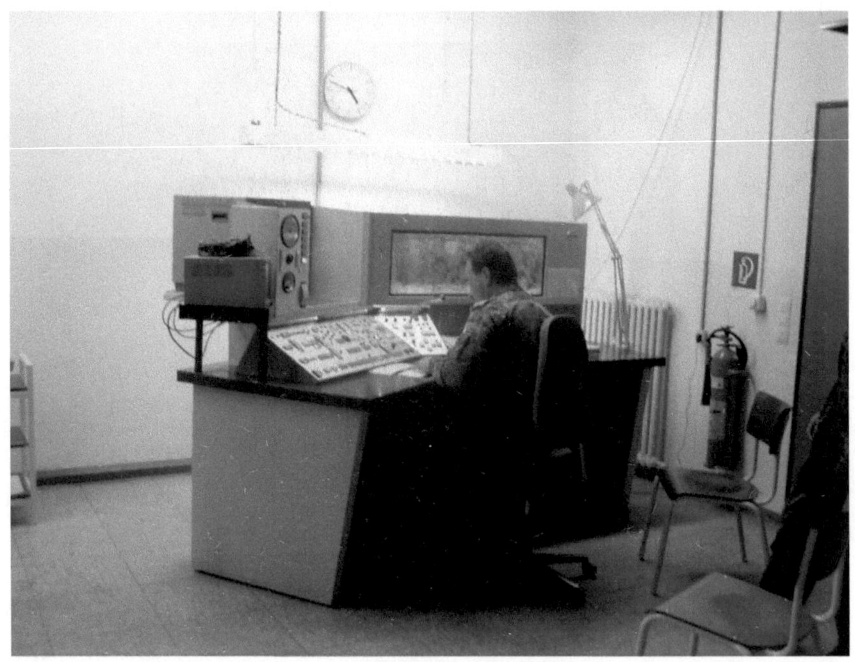

Fahrlehrer der KfFahrAusbKp FahrsimKette, der von einem Fahrlehrerpult aus den Fahrschüler anleitet

<u>Quelle:</u>
Privat

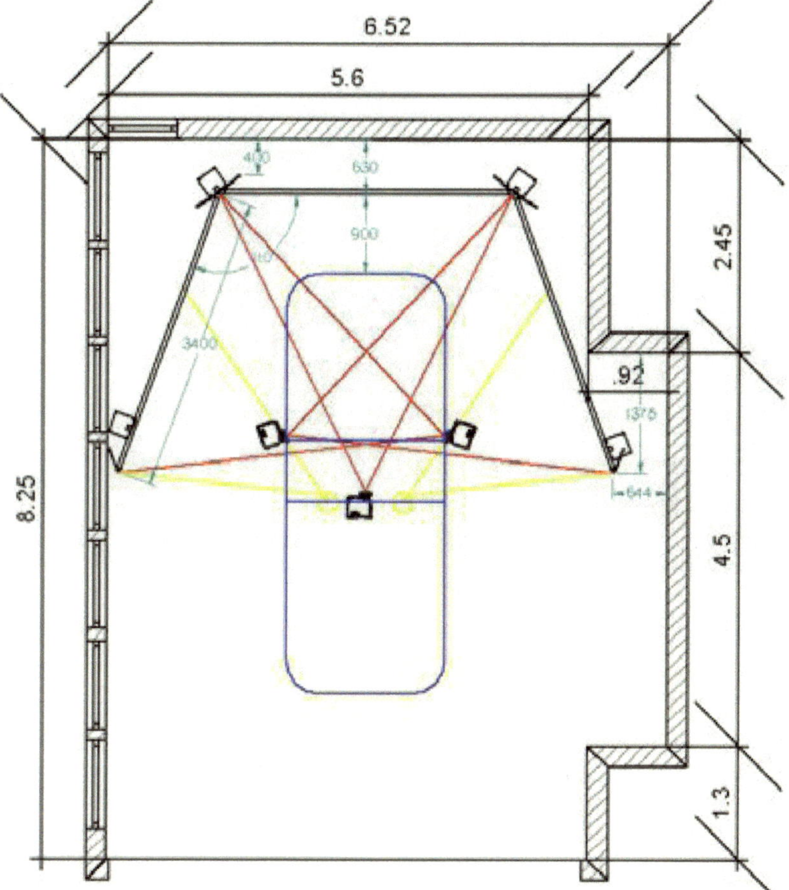

Darstellung eines computersimuliert-statischen Fahrsimulators. Die drei im 110° Winkel aufgestellten Projektionsflächen sorgen für eine 180° Grad Sicht. Blau markiert ist die Sitzkiste, in welcher der Proband sitzt und an der Simulation teilnimmt

<u>Quelle:</u>

http://www.ftronik.de/files/lfe-fahrsimulator.pdf

Anlage 4

Sichtprojektion aus dem in Anlage 3 dargestellten computersimuliert-statischen Fahrsimulator

<u>Quelle:</u>

http://www.ftronik.de/files/lfe-fahrsimulator.pdf

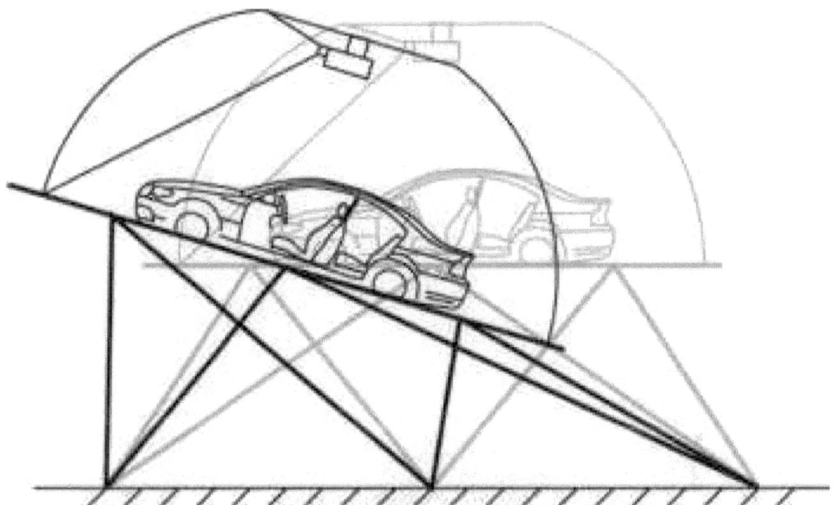

Schematische Darstellung einer Fahrzeugkarosserie auf einem dynamischen Hexapod

<u>Quelle:</u>

http://www.amm.mw.tu-muenchen.de/index.php?id=186

Außenaufnahme eines dynamischen Hexapods

<u>Quelle:</u>

http://tu-dresden.de/die_tu_dresden/fakultaeten/fakultaet_maschinenwesen/ifvlv/baumaschinen/lehre/aufgabenstellungen/bilderthemen/simulator_TU_Dresden.jpg

Abbildung eines einsitzigen Gurtschlittens, wie er von der Verkehrswacht Minden im Rahmen von Verkehrssicherheitsveranstaltungen genutzt wird, um auf die Notwendigkeit der Anschnallpflicht hinzuweisen

Quelle:

http://www.verkehrswacht-minden.de/tl_files/vwml/gurtschlitten.png

Abbildung eines PKW-Überschlagsimulators, bei dem das gesamte Fahrzeug gedreht werden kann

<u>Quelle:</u>

http://www.überschlagsimulator.de/

Anlage 9

Abbildung eines LW-Überschlagsimulators. Hier wird nur die eigentliche Fahrerkabine bewegt

<u>Quelle:</u>

http://www.verkehrssicherheitsprogramme.de/site/detail.aspx?id=102